# Ne - PANDA

ねパンダ

主婦の友社

の～んびり まったり
気持ちよさそうにゴロゴロする
“ねパンダ”を見ていると
イヤなこと、頭にきたこと、
すべて忘れて
にんまりしちゃうね。

ぽっわ〜ん

このねパンダは?

Fuhin
ふうひん
楓浜

Ouhin
おうひん
桜浜
この
ねパンダは?
双子のパンダは、
とっても仲よし!
いつでもいっしょ
がったい

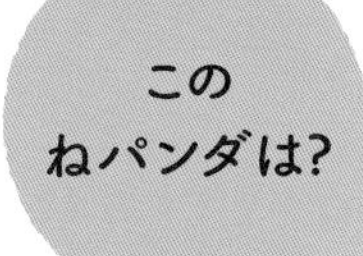
この
ねパンダは?

Touhin
とうひん
桃浜

ウトウト
この
ねパンダは?
Fuhin
ふうひん
楓浜

パンダヨガ!
この
ねパンダは?

Fuhin
ふうひん
楓浜

KAWAII
“ね”

木の上は、
子パンダたちの
お気に入りの場所

この
ねパンダは?

Lei Lei
レイレイ
蕾蕾

おちつく"ね"

この
ねパンダは?

Xiao Xiao
シャオシャオ
暁暁

KAWAII
“ね”

だら〜ん

このねパンダは?

Xiang Xiang
シャンシャン
香香

この
ねパンダは?

Fuhin
ふうひん
楓浜

この
ねパンダは?
Fuhin
ふうひん
楓浜

どんな夢を
見ているの?
この
ねパンダは?
Xiang Xiang
シャンシャン
香香

KAWAII
"ね"
もった〜ん
このねパンダは?
Fuhin
ふうひん
楓浜
©Adventure world

パンダは、
からだがとても
やわらかいよ!
この
ねパンダは?
Fuhin
ふうひん
楓浜

コロンと
この
ねパンダは?
Fuhin
ふうひん
楓浜

この
ねパンダは?
Yuihin
ゆいひん
結浜

むっくり

この
ねパンダは?

Fuhin
ふうひん
楓浜

この
ねパンダは?

Fuhin
ふうひん
楓浜

はさまっている
“ね”
この
ねパンダは?
Xiao Xiao
シャオシャオ
暁暁

KAWAII
“ね”
パンダは、とても個性的。
それぞれお気に入りの
場所で休みます
この
ねパンダは?
Ouhin
おうひん
桜浜

Saihin
さいひん
彩浜
この
ねパンダは?
Ouhin
おうひん
桜浜
この
ねパンダは?

パンダは
暑いのが苦手。
気温の高い日は、
水辺ですやすや眠ります

Yuihin

この
ねパンダは?

ゆいひん
結浜

すりすり
ゆいひん

ひんやりすやすや
パンダの故郷は、
中国の高山で
とても寒い場所。
だから、寒さに強く、
氷や雪が大好き!
このねパンダは?
Yuihin
ゆいひん
結浜

GOMEN
"ね"

ちんまりとごめんね
このねパンダは?
Fuhin
ふうひん
楓浜

この
ねパンダは?
Fuhin
ふうひん
楓浜
大人のごめん
"ね"
この
ねパンダは?
Eimei
えいめい
永明
永明は現在30歳
（人間でいうと90歳！）
長生きだ"ね"

いっしょがいいね！

OYAKO
“ね”

この
ねパンダは?

Fuhin
ふうひん
楓浜

Rauhin
らうひん
良浜

この
ねパンダは?

ママのひざの上にゴロ〜ン

この
ねパンダは?

Shin Shin
シンシン
真真

Xiang Xiang
シャンシャン
香香

この
ねパンダは?

チラッ
ママをかんさつ
竹の選び方、食べ方、
赤ちゃんパンダは、
ひとり立ちするまでに、
ママからたくさんのことを
学びます
このねパンダは?
このねパンダは?
Fuhin
Rauhin
ふうひん
楓浜
らうひん
良浜
©Adventure world

OYAKO
“ね”
いっしょに
ゴロ〜ン
この
ねパンダは?
Saihin
さいひん
彩浜

この
ねパンダは?

Rauhin

良浜（らうひん）

この
ねパンダは?
Fuhin
ふうひん
楓浜
ビヨ〜ン

ふて“ね”


この
ねパンダは?

Li Li

リーリー
力力

クセつよい寝姿だ“ね”

すやすや
このねパンダは?
Yuihin
ゆいひん
結浜

きもちよさそうだ
"ね"
この
ねパンダは?
Eimei
えいめい
永明

この
ねパンダは?
Touhin
とうひん
桃浜

うらやましい!
パンダは、
一日のほとんどを
寝てすごします。
この
ねパンダは?
Yuihin
ゆいひん
結浜

お気に入りの場所で
すやすや

この
ねパンダは?
Tan Tan
タンタン
旦旦

IYASARERU
"ね"

おひさまと
仲よし！

この
ねパンダは？

Tan Tan

タンタン
旦旦

ダン

ダーン!

このねパンダは?

Fuhin
ふうひん
楓浜

ズッコケてる
“ね”

引っかかってる “ね”
この
ねパンダは?
Yuihin
ゆいひん
結浜

おつかれだ
“ね”

このねパンダは?

Yuihin

ゆいひん
結浜

冷たい石の上は
暑がりのパンダが
好む寝場所です

この
ねパンダは?

Yuihin

結浜（ゆいひん）

YUKAIDA
"ね"

この
ねパンダは?
Yuihin
ゆいひん
結浜
ハマってる
"ね"

どうどうとしている
“ね”
このねパンダは?
Saihin
さいひん
彩浜

# この本に登場するパンダたち

この本に登場するパンダは、日本の 3 カ所の動物園で会うことができます。
日本に 2 頭のパンダがやってきて 50 年。現在 13 頭のパンダが飼育されています。

## 東京都恩賜上野動物公園

東京都

パパ

**カカ**（リーリー）♂

2005. 8. 16 生まれ

寝ているときも、やさしいオーラを放つ、おだやかでチャーミングなパパ。

ママ

**真真**（シンシン）♀

2005. 7. 3 生まれ

いつも元気なかわいいママ。パパに反して豪快な寝姿が人気です。

**香香**（シャンシャン）♀

2017. 6. 12 生まれ

起きているときの元気な姿と対照的に、丸くなって眠る姿がキュート。

双子

**暁暁**（シャオシャオ）♂

2021. 6. 23 生まれ

木の上でだらーんと無防備に眠る姿は、すでに大物感が漂います。

**蕾蕾**（レイレイ）♀

2021. 6. 23 生まれ

シャオシャオとは対照的に体を丸めて眠る姿は、愛らしさ100パーセント！

双子の赤ちゃん

## 神戸市立王子動物園

兵庫県

**旦旦**（タンタン）♀

うつぶせ寝、ゴロン寝など、眠るタンタンを見るとみんなが幸せな気持ちに。

1995. 9. 16 生まれ

和歌山県

# アドベンチャーワールド

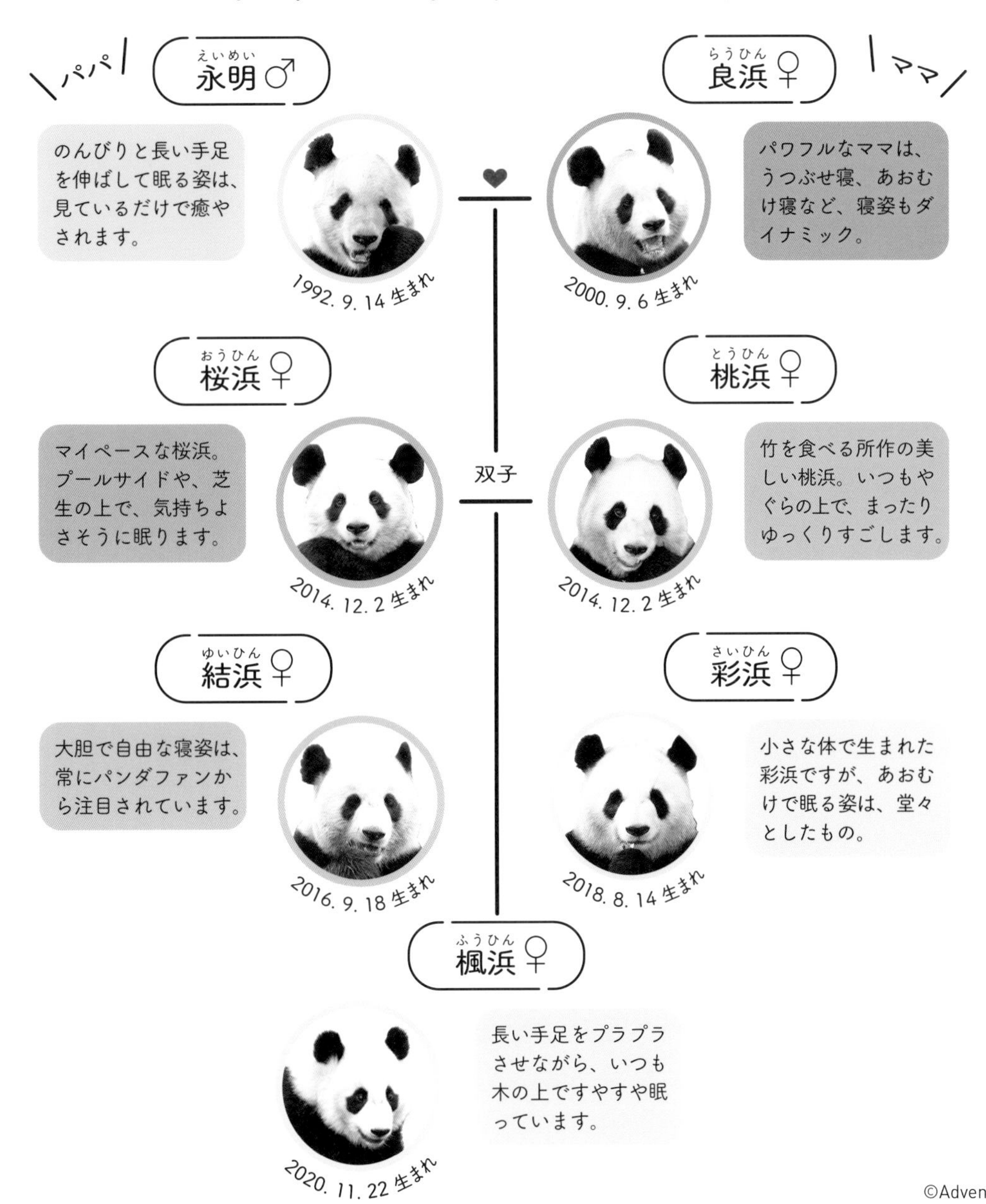
パパ
えいめい
永明♂
のんびりと長い手足を伸ばして眠る姿は、見ているだけで癒やされます。
1992. 9. 14 生まれ
ママ
らうひん
良浜♀
パワフルなママは、うつぶせ寝、あおむけ寝など、寝姿もダイナミック。
2000. 9. 6 生まれ
双子
おうひん
桜浜♀
マイペースな桜浜。プールサイドや、芝生の上で、気持ちよさそうに眠ります。
2014. 12. 2 生まれ
とうひん
桃浜♀
竹を食べる所作の美しい桃浜。いつもやぐらの上で、まったりゆっくりすごします。
2014. 12. 2 生まれ
ゆいひん
結浜♀
大胆で自由な寝姿は、常にパンダファンから注目されています。
2016. 9. 18 生まれ
さいひん
彩浜♀
小さな体で生まれた彩浜ですが、あおむけで眠る姿は、堂々としたもの。
2018. 8. 14 生まれ
ふうひん
楓浜♀
長い手足をプラプラさせながら、いつも木の上ですやすや眠っています。
2020. 11. 22 生まれ



※飼育頭数は、2022年11月1日現在のものです。

# ねパンダ Q & A

すやすや、ゴロゴロ、
いつも気持ちよさそうに眠るパンダ。
パンダの睡眠について
さぐってみよう！

## Q1

### パンダの赤ちゃんは、どうして木の上で眠るの？

A1

野生では天敵が多いので、身を守るために、高い木に登ると考えられています。敵に見つかりにくい木の上では、安心して眠ることができます。

## Q2

### パンダはいびきをかくの？

A2

赤ちゃんパンダは、ミルクを飲んでおなかがいっぱいになると、「ぐー」という小さないびきをかいて、気持ちよさそうに眠っていることがあります。

## Q4

### パンダは一日どれくらい眠るの？

A4

一日の半分を眠ってすごします。パンダの主食である竹は栄養分が少なく、ほとんどが消化しきれず、うんちとして排出されます。エネルギーを消耗しないために、体を休めているのではないかといわれています。

## Q3

### パンダは冬眠しないの？

A3

パンダはクマの仲間ですが、冬眠はしません。パンダの主食である竹は、冬でも枯れず、一年を通して食べることができます。そのため冬眠しないと考えられています。

ねパンダ

協力｜アドベンチャーワールド
陸、海、空の140種、1400頭の動物が暮らす
「こころにスマイル 未来創造パーク」を
テーマに掲げた、和歌山県南紀白浜のテーマパーク。

神戸市立王子動物園
アクセスが抜群で、緑あふれる神戸市灘区の動物園。約
130種800点の動物たちに加え、「動物科学資料館」や異
人館「旧ハンター住宅」も人気。

写真｜アドベンチャーワールド、神戸市立王子動物園、
月亭ペン太、はまぱんだ
カバー＆本文デザイン｜細山田光宣　鈴木あづさ（細山田デザイン事務所）
編集協力｜アートビジョン
編集担当｜金澤友絵（主婦の友社）

2023年1月10日　第1刷発行

編　者　主婦の友社
発行者　平野健一
発行所　株式会社主婦の友社
〒141-0021 東京都品川区上大崎3-1-1 目黒セントラルスクエア
電話 03-5280-7537（編集）　03-5280-7551（販売）
印刷所　大日本印刷株式会社


ISBN978-4-07-452854-7



※『ねパンダ』では、ジャイアントパンダを「パンダ」と表記しています。

©Adventure world